SOCIÉTÉ SCIENTIFIQUE D'ARCACHON

EXPOSITION INTERNATIONALE
DE
PÊCHE ET D'AQUICULTURE

OUVERTE LE 2 JUILLET 1866,

A ARCACHON.

PREMIER CONCOURS REGIONAL DE L'INDUSTRIE DES EAUX

SOUS LE PATRONAGE DE S. M. L'EMPEREUR

ET LA PRÉSIDENCE D'HONNEUR DE

LL. Exc. M. le Marquis de CHASSELOUP-LAUBAT, Ministre de la marine et des colonies,
M. BÉHIC, Ministre de l'agriculture, du commerce et des travaux publics,
et M. DROUYN DE LHUYS, Ministre des affaires étrangères.

LISTE DES EXPOSANTS.

PREMIÈRE ÉDITION.

PARIS
IMPRIMERIE ADMINISTRATIVE DE PAUL DUPONT
Rue de Grenelle-St-Honoré, 45.

1866

SOCIÉTÉ SCIENTIFIQUE D'ARCACHON.

EXPOSITION INTERNATIONALE

DE

PÊCHE ET D'AQUICULTURE

Ouverte le 2 juillet 1866,

A ARCACHON

Premier concours régional de l'industrie des eaux,

SOUS LE PATRONAGE DE S. M. L'EMPEREUR
et la présidence d'honneur de

LL. EXC. MM. LE MARQUIS DE CHASSELOUP-LAUBAT, ministre de la marine et des colonies; BÉHIC, ministre de l'agriculture, du commerce et des travaux publics, et DROUYN DE LHUIS, ministre des affaires étrangères.

Liste des exposants arrêtée au 28 *juin* 1866 (1).

PRODUITS.

CLASSE PREMIÈRE.

Produits servant à l'alimentation.

SECTION I. — PÊCHE.

Sous-section I. — Eaux salées.

France.

MM. GANGNEUX et PROUCHET, *naturalistes*, à Meschers (Charente-Inférieure). — 1. Poissons salés. (3 bocaux.)

(1) Il paraîtra avant l'époque de la réunion du jury une 2e édition de ce catalogue, revue et augmentée.
Toutes les rectifications doivent être adressées par lettre à M. le directeur de l'Exposition, 36, rue du Bac, à Paris.
Il en est de même des demandes tendant à obtenir l'insertion d'ouvrages imprimés ou manuscrit dans le recueil de la commission générale.

Laymet, *fabricant de conserves alimentaires*, à l'île Tudy (Finistère). — 4. Langoustes et homards au naturel, — 5. Sardines à l'huile et au naturel; — 6. Poissons; — 7. Gibier aquatique.

Burguin, *fabricant de conserves alimentaires*, à Port-Louis (Morbihan). — 8. Boîtes de sardines.

Pignolet et Aumont, *fabricants de conserves alimentaires*, à Granville. — 9. Huîtres marinées.

Le Ray, *fabricant de conserves alimentaires*, à Belle-Ile-en-mer. — 10. Sardines à l'huile; — 11. Maquereaux à l'huile; — 12. Rougets à l'huile; — 13. Thon mariné; — 14. Anchois au sel; — 15. Homards conservés entiers.

Nicole, *administrateur gérant de la Société de pisciculture de la basse Seine*, au Havre. — 16. Poissons d'Amérique salés et fumés; — 17. Saumons; — 18. Aloses; — 19. Maquereaux; — 20. Harengs.

Héron et Ce, *fabricants de conserves*, à Port-Marie (Morbihan). — 23. Sardines à l huile; — 24. Maquereaux sans arêtes; — 25. Homards; — 26. Coquillages conservés.

Tinnier, *fabricant de conserves*, à l'île Tudy (Finistère). — 27. Boîtes de sardines à l'huile truffées; — 28. Boîtes de sardines frites et conservées à l'huile; — 29. Boîtes et bocaux de sardines cuites aux aromates et conservées à l'huile et sans huile; — 30. Boîtes de saumons, truites, turbots, soles avec ou sans huile; — 31. Bocaux de sardines aromatisées, conservées au vinaigre.

Moreau et Dubois, *fabricants de conserves* à Nantes. — 34. Sardines à l'huile.

Moizan et Le Garrec, *fabricants de conserves*, à Quiberon (Morbihan). — 35. Sardines à l'huile.

Mme Gaudin, (veuve) *fabricant de conserves*, à Saint-Jean-de-Luz. — 36. Thons; — 37. Anchois salés et marinés; — 38. Collection de Coquillages comestibles de la côte de Saint-Jean-de-Luz.

Noel, Jean, *ostréiculteur*, à Arcachon. — 40. Huitres du bassin d'Arcachon (mères et jeunes d'un an).

Grenier, François, *négociant*, à Arcachon. — 41. Salines de sarcelles, fabriqués par l'exposant et conservées deux ans.

Sicard, *docteur en médecine*. — 46. Poissons de mer à l'état d'alevin.

Soymié (A. Y. M.), *armateur et fabricant de conserves*, à Etel (Morbihan). — 21. Thon mariné. — 22. — Sardines à l'huile.

Chédru (H.), *armateur* à Fécamp. — 32. Maquereaux salés, paqués, dagués et saumurés (1/2 baril). — 32 *bis*. Rogue de maquereau (1 bocal).

Sautreuil (François), *saleur* à Fécamp. — 33. Harengs saurs provenant de la pêche des bateaux de Fécamp, travaillés en décembre 1865 et fumés à la même époque dans des cheminées de saurage avec du bois de hêtre (une boîte).

Colonies françaises.

MM. Dubois, *négociant*, à Nantes. — 52. Spécimens d'huîtres de la Trinité.

Hort. — 100. Trepangs ou holothuries comestibles.

De la Grandière, *vice-amiral*. — 101. Poissons; — 102. Crevettes; — 103. Moules sèches.

Delahaye et Vettier. — 104. Naus et langues de morue; — 105. Harengs saurs.

Le François. — 106. Morues; — 107. Grands et petits poissons.

Comité local de l'Inde. — 108. Poissons secs de Mahé (Inde).

Le Pomellec et fils, à Saint-Servan. — 109. Capelans secs.

Clément et Jourdan. — 111. Naus et langues de morue; — 112. Harengs saurs.

Fourré, à La Guyane. — 113. Pacou sec. — 114. Machoiran sec.

Fitzgérald frères. — 115. Petites morues dans le vinaigre. — 116. Harengs dans le vinaigre.

Jugau, Etienne, pècheur, à Saint-Pierre et Miquelon. — 117. Flétau salé (une tranche). — 118. Morues.

Hacala, Pierre, pêcheur, à Saint-Pierre et Miquelon. — 119. Morues vertes tranchés en rond.

Suède et Norwége.

MM. Widegreen, *intendant des pêches* à Cathrineholm. — 189. Produits des pêches suédoises.

H. Lundgreen. — 190. Morues et stockfish.

Mouinckel et fils, Bergen (Norwége). — 191. Stockfish ; — 192. Morues ; — 193. Harengs.

Rasmus Lossius, *négociant* à Christiansand (Norwége). — 194. Morues ; — 195. Harengs.

Pays-Bas.

MM. C. B. Eygenraam, *négociant* à Dordrecht. — 197. Caviar et Esturgeons conservés.

E. Ontmans, *négociant*, à Amsterdam. — 198. Diverses parties d'anchois conservées des pêches de 1847 à 1866. (Echantillons en flacons.)

P. Varkevisser, *négociant*, à Scheweningen — 199. Poissons divers secs ou fumés. (Cinq paniers.)

Betz et Van Steyningen, *négociants* à Wærdingen. — 200. Divers produits de la pêche tant en saumure que frais ou fumés.

Sous-section II. — Eaux douces.

France.

MM. Gassies, *membre titulaire de la Société Linéenne* à Bordeaux. — 1. Molusques comestibles vivant dans les rivières du S. O. de la France

Bouchaud de Bussy, *propriétaire* au château de Rousseau (Bouches du Rhône. — 2. Principales espèces de poissons des cours d'eau des Bouches du Rhône.

Belgique.

Etablissement de pisciculture de Bruxelles. — 30. Corrégone Oxyrincus, pêché dans la Meuse. — Corégone Fera, du lac de Constance.

Suède et Norwége.

M. Widegreen. *dj. n.* — 50. Collection de poissons d'eau douce.

Section II. — Aquiculture.

Sous-section I.— Eaux salées.

France.

MM. Chaillet et Ce, *Société des huitrières*, à Regneville (Manche). — 1. Huîtres natives ; — 2. Huitres conservées.

Chevrier, *peintre*, à Saint-Gilles-sur-Vie (Vendée). — 3. Huîtres obtenues par procédé artificiel et classées suivant leur âge ; 4. Huîtres élevées seulement et classées également suivant leur âge.

Guillet, *négociant*, à Noirmoutiers. — 5. Huîtres blanches ; — 6. Huîtres vertes.

Kemmerer, *docteur médecin*, à Saint-Martin (Ile-de-Ré). — 7. Produits de l'aquiculture, — 8. Collection d'huîtres de toute provenance.

Le Goaster, *armateur*, à Tréguier-Trédarzec ; — 9. Huîtres.

Peyron, *négociant*, à Quimperlé (Finistère). — 10. Huîtres fraîches dites armoricaines ou de Belon.

A. Vincent, *ingénieur civil*, à Brest. — 11. Echantillons d'huîtres de divers bancs de la rade de Brest et de parcs.

Van Imschoot, *propriétaire de parcs à huîtres*, à Dunkerque. — 12. Huîtres cultivées dans les parcs de l'exposant.

Blanchard, *propriétaire de parcs à huîtres*, à Marennes. — 13. Huîtres sur des tuiles collecteurs.

Perrogon, *éleveur d'huîtres*, à La Tremblade. — 14. Huîtres.

Bailly et Moreau, *propriétaires et inventeurs* à Arcachon. — 15. Naissain d'huîtres recueillies dans l'appareil des exposants.

Le vicomte de Thury, *maire et propriétaire de parc*, à Arcachon. — 16. Huîtres de gravette parquées d'après les procédés en usage à Ostende.

De Poulpiquet, *propriétaire*, à Penfoulie-en-Fouesnant. — 17. Huîtres nées et élevées chez l'exposant dans un réservoir d'eau salée. — 18. Moules nées et élevées chez l'exposant dans un réservoir d'eau salée.

Turlure, *éleveur d'huîtres*, à Kermélo près Lorient. — 19. Huîtres.

Silhoutte, Casimir, *capitaine au long cours*, à Biarritz. — 20. Langoustes et homards frivants.

Gressy, *docteur médecin*, à Carnac (Morbihan). — 23. Huîtres blanches ; — 24. Huîtres vertes : — 25. Moules vertes ; — 26. Pétoncles verts.

Lesca, *maître au cabotage*, à Arcachon. — 27. Collection d'huîtres venues et cultivées dans le parc n° 27.

Charles, *négociant* à Lorient (Morbihan). — 29. Huîtres nées dans le parc de l'exposant et fixées sur les tuiles.

Delidon, *notaire, membre de la société Impériale d'acclimatation*, à Saint-Gilles-sur-Vie (Vendée). — 30. Moules provenant d'élevage dans les parcs ou réservoirs naturels. — 31. Sourdons et moules provenant d'essai de double récolte à faire dans les marais salants. — 32. Pâtés de moules et pâtés de sourdons (deux boîtes en fer blanc).

Douillard de la Mahaudière, *propriétaire de réservoirs*, à Audenge. — 35. Collection des différentes espèces de poissons qui vivent dans les réservoirs.

Blein-Drahonnet, à La Rochelle. — 36. Huîtres.

Baudet, père et fils, *éleveurs d'huîtres*, à Jonzac. — 37. Huîtres nées, élevées et verdies dans l'établissement des exposants.

Gilot (Emile). Paris, rue Neuve-des-Petits-Champs, 87 (Seine). — 39. Poissons fumés et marinés.

Autriche.

M. **Richard chevalier d'Erco**, *conseiller du gouvernement central maritime*, à Trieste (Autriche). — 145. Petits homards. — 146. Huîtres. — 147. Moules.

Sous-section II. — Eaux douces.

France.

MM. **Benoist**, *propriétaire*, à Montbrison. — 1. Saumons, éclos dans les appareils de l'exposant; — 2. Truites de différentes espèces, écloses dans les appareils de l'exposant; — 3. Ombres-chevaliers, éclos dans les appareils de l'exposant; — 4. Féras, éclos dans les appareils de l'exposant; — 5. Carpes, écloses dans les appareils de l'exposant; — 6. Tanches, écloses dans les appareils de l'exposant; — 7. Brochets, éclos dans les appareils de l'exposant.

Société d'horticulture et d'acclimatation, à Montauban. — 8. Truites saumonées, écloses dans les bassins et appareils de la Société; — 9. Saumoneaux, éclos dans les bassins et appareils de la Société.

Cancalon, *docteur-médecin*, à Royère (Creuse). — 10. Poissons d'eau douce obtenus par l'éclosion artificielle.

Couturier, *ingénieur en chef des ponts et chaussées*, à Agen (Lot-et-Garonne), et **Fargue**, *ingénieur des ponts et chaussées*, à Langon (Gironde); — 11. Jeunes saumons du Rhin; — 12. Truites saumonnées et truites communes provenant d'œufs fécondés, expédiés de l'établissement d'Huningue, éclos à l'atelier de pisciculture de Cadillac dans les campagnes de 1865-1866.

Lacombe, *syndic des gens de mer*, à Bergerac. — 13. Saumons et truites nés à Bergerac.

Nicole, *dj. n.* — 14. Ombres-chevaliers élevés dans l'établissement de l'exposant ; — 15. Saumoneaux élevés dans l'établissement de l'exposant ; — 16. Truites de lacs élevées dans l'établissement de l'exposant.

Périer, *propriétaire agriculteur*, au Mazeau (Haute-Vienne). — 17. Truites de lacs. — 18. Saumoneaux. — 19. Ombres-chevaliers. — 20. Féras.

Ritter, *ingénieur des ponts et chaussées*, à Mont-de-Marsan. — 21. Salmonidés vivants nés en 1865-1866.

De Boisluisant, *propriétaire* à Clermont-Ferrand. — 22. Truites du lac de Servières (Puy-de-Dôme).

Le Paute, *conservateur du bois de Vincennes*, à Saint-Mandé (Seine). — 23. Truites et saumons nés et élevés au bois de Vincennes ; — 24. Autres poissons nés et élevés au bois de Vincennes.

Des Termes, à Bellac ; **E. Tombelle**, à Echeran ; **Desgranges**, au Dorat, et **L. Borgès**, *pisciculteur*, à Bellac (Haute-Vienne). — 25. Truites des lacs élevées dans des pêcheries ; — 26. Saumons du Rhin, élevés dans des pêcheries ; — 27. Ombres-chevaliers élevés dans des pêcheries.

Leroy, *propriétaire*, à Nantes. — 28. Alevins provenant d'œufs d'Huningue.

Chantran, *appariteur au collége de France*, à Paris. — 29. Série de divers poissons d'eau douce fécondés artificiellement et élevés au collége de France.

Vicomte de Beaumont, *propriétaire*, à Rhodez (Aveyron). — 30. Poissons provenan d'Huningue Truites des lacs, saumons du Rhin ; corrégones du Rhin, corrégones féras.

Malard, *négociant*, à Commercy (Meuse). — 31. Ecrevisses et produits d'essai de pisciculture.

Delacroix, *ingénieur des ponts et chaussées*, à Coulommiers (Seine-et-Marne). — 32. Truites et saumons élevés artificiellement.

Quillard, *ingénieur en chef*, à Troyes (Aube). — 34. Salmonidés, éclos d'œufs reçus de Huningue, élevés à l'établissement de pisciculture de Bar-sur-Seine.

Chapus (Eugène), *gérant des mines de Lahure*, à Grenoble (Isère). — 35. Truite d'une variété différente des truites de rivière, provenant du lac Pierre-Châtel et obtenue d'œufs de Huningue.

Huet (Alphonse), *propriétaire*, à Paris, 3 pl. Pentagonale.— 36. Truites.— 37. Saumons, 38. Ombres-chevatiers.

Sicard, *docteur en médecine*, *secrétaire général du comité d'aquiculture pratique*, à Marseille. — 39. Collection de poissons d'eau douce obtenus d'œufs reçus de Huningue, éclos et élevés à Marseille.

Caron, *pisciculteur*, à Beauvais.—40. Poissons nés et élevés chez l'exposant.

Bouchaud de Bussy, *dj. n.* — 41, Salmonidés nées chez l'exposant.

Société de pisciculure de la Gironde. — 42. Saumons et truites saumonées provenant des éclosions faites dans l'aquarium de Moulevdier, près Bergerac (Dordogne). — 43. Tortues provenant des lagunes des Landes. — 44. Ecrevisses prises dans un ruisseau des Landes. — 45. Œufs de carpes, tanches et antres poissons blancs.

Etablissement de pisciculture de Huningue. — 46. Divers poissons des espèces cultivées à Huningue.

Comte Joseph de Jouffroy, *maire* d'Albans-Dessous (Doubs). — 47. Produits servant à l'alimentation.

Mouls (Charles), *receveur des postes*, à Belmont (Aveyron). — 50. Ecrevisses élevées par l'exposant dans sa propriété de Saint-

Vicomte E. de Beaumont, au château de Cluzel, près Rodez (Aveyron). — 48. Gardon âgé de 3 ans, né à Cluzel.

Belgique.

Baron de Sélys Longchamp, *sénateur*, au château de Varenne. — 49. Jeune Saumon, né et élevé à Longchamp-sur-Geer (province de Liége).

Établissement de pisciculture de Bruxelles.—150. Deux ombres chevaliers de deux ans, nés et élevés artificiellement dans les ruisseaux du jardin botanique de Bruxelles. 151. Deux ombres communs de trois ans, élevés au jardin de Bruxelles.

CLASSE II.

Produits servant à la médecine.

France.

[Co]mpagnie fermière de l'établissement thermal de Vichy, à Paris. — 1. Sels minéraux, extraits des eaux minérales naturelles de Vichy par évaporation ; — 2. Pastilles et sucres fabriqués avec ces sels ; — 3. Eau mère recueillie après évaporation des sels.

MM. Nicole, *dj.n.*, au Havre.— 4. Christe marine.

Joly, *chimiste*, à La Rochelle. — 5. Crème d'huile de foie de morue ; — 6. Huile de foie de squale médicinale.

Semiac, *pharmacien*, à la Teste-de-Buch. — 7. Huiles de foies frais de squale ; — 8. Huiles de foies frais de morue ; — 9. Huiles de foies frais de rail.

Soetenay, *armateur*, à Dunkerque.—10. Huile de foie de morue.

Vanhoutte et Paquet-Flament, *épurateurs d'huiles de foies de morues*, à Dunkerque. — 11. Série d'huile de foie de morue médicinale ; — 12. Pilules ; — 13. Sirop d'extrait concentré d'huile de foie de morue.

Lebeuf, *pharmacien*, à Bayonne, et Duplaa, *médecin* à Cap-Breton. — 14. Huile médicinale de foie de squale (exploitation de Cap-Breton).

Duvignaud, *propriétaire*, à Audenge. — 15. Collection de sangsues dans leurs diverses phases, et conditions d'existence et de développements (20 bocaux).

Moride, *chimiste-manufacturier*, à Nantes. — 16. Vin iodé de Laminaires; — 17. Sels de varech; — 18. Eau de mer concentrée.

Renault (Edouard), *propriétaire de sources minérales*, à Sierk (Moselle). — 19. Eaux minérales de Sierk et sels extraits de ces eaux (2 bouteilles).

Fayard (François-Joseph). *Propriétaire de l'établissement thermal de Balarue*, à Lyon, 9, rue de l'Impératrice. — 20. Eaux minérales de Balarue-les-Bains; — 21. Sels naturels extraits des eaux de Balarue; — 22. Dragées au sel de Balarue.

Vignaudebat (Bernard), *fermier de l'établissement La Serre*, à Bagnères-de-Bigorre.— 23. Eau saline de l'établissement La Serre, à Bagnères (2 bouteilles); — 24. Sels extraits des eaux de l'établissement La Serre, à Bagnères.

Pélix, *pharmacien*, à La Teste (Gironde). — 25. Divers produits chimiques ou pharmaceutiques obtenus de mer ou de ses rivages, soude; — 26. Iode; — 27. Huile de foie de morue; — 28. Lichen. — 29. Brôme. — 30. Lichen-Carragaben. — 31. Mousses de Corse. — 32. Huile de squale. — 33. Yeux d'écrevisse entiers. — 34. Squammes de scille. — 35. Ichtyocolle. — 36. — Blanc de baleine.

Barbez (E.) *pharmacien*, à Lille. — 38. huile de foie de morue vierge.

Maninat, fils, *fermier et expéditionnaire d'eaux minérales*, à Ossun (Hautes-Pyrénées). — 39. Eau sulfurée iodo-briomurée de Nabias et sels extraits de ces eaux (6 bouteilles).

Cazaux aîné, *propriétaire-gérant du Monde Thermal*, à Paris. — 40. Eaux minérales naturelles et produits de Vichy.

Fisse jeune, *propriétaire des bains de Cadéac*, à Cadéac (Hautes-Pyrénées. — 41. Eaux minérales sulfureuses sodiques de Cadéac (6 bouteilles); — 42. Glaisine ou matière organisable recueillie dans les eaux de Cadéac; — 43. Résidus salins de l'évaporation, et sels résultant de l'analyse de ces eaux.

ROLLET, *docteur*, à Bordeaux (Gironde). — 44. Sangsues ; — 45. Eaux ferrugineuses de Cestas (6 bouteilles).

GARNIER fils aîné, *directeur des eaux minérales*, à Vergèze (Gard). — 46. Eaux minérale de Vergèze, surnommée la Princesse des eaux de table (6 bouteilles).

LE MAIRE de la ville de Bagnères-de-Luchon. — 47. Eaux minérales ; — 48. Leurs produits cryptogames qui végètent dans les fouilles.

STENFORT, *préparateur de plantes*, à Brest.— 49. — Sirops de plantes de l'Océan. — 50. Gelées de plantes, pour dessert ou usage médical.— 51. Pastilles de plantes de l'Océan. — 52. Philocome de l'Océan. — 53. Poudre dentifrice de l'Océan.

TISSIER aîné et fils, *fabricants de produits chimiques* au Conquet (Finistère).— 37. Iode. — 54. Iodure de potassium. — 55. Iodure de plomb. — 56. Iodure de mercure. — 57. Bromure de Potassium. — 58. Brôme. — 59. Sulfate de potasse. — 60. Sulfate de soude. 61. Chlorure de sodium. — 62. Chlorure de potassium. — 63. Azotate de potasse. — 64. Résidus pour engrais.

DESPINOY (Augustin), à Marquette-lez-Lille. — 65. — Extrait de foies de morue. — 66. Pilules et sirops d'extrait de morue.

FADEUILHE (Arthur), à Bagnères de Luchon.— 67. — Produits aquatiques de Luchon. — 68. Eaux ferrugineuses.

Colonies françaises.

MM. DELAHAYE et VETTIER, *dj. n.* — 100. Huile de foie de morue.

CLÉMENT et JOURDAN. — 101. Huile de foie de morue.

FITZGÉRALD frères, à St-Pierre et Miquelon. — 102. Huile de foie de Morue.

Danemark.

M. Geslason, *conseil du gouvernement danois pour les affaires de pêche*, à Copenhague. — 143. Huile de foie de Morue.

Suède et Norwége.

MM. Rasmus-Lossius, *dj. n.*— 146. Huile de foie de morue.

Mouinckel et fils, *dj. n.*— 147. Huile de foie de morue.

H. Lundgreen, *dj. n.* — 148. Huile de foie de morue.

Pays-Bas.

MM. Chamb-Mak, *fabricant*, à La Haye. — 149. Echantillon de bouillon de poisson (nouvelle invention).

Spruyt et Ce, *droguistes*, à Rotterdam. — 150. Echantillon d'huile de foie de morue purifiée et ferrée.

Hesse Grand-Ducale.

M. Gaulé (Carl), *négociant*, à Darmstadt. — 115. Eaux minérales diverses (52 bout.) — 116. Sels (2 bocaux). — 117. Pastilles (2 boîtes).

Hesse Cassel.

M. Martiny (Edouard), *médecin* à Solzschlorf (près Jude). — 140. Eau minérale de la source de Saint-Boniface (4 bout.)

CLASSE III.

Produits servant aux arts.

MM. Gassies, *membre titulaire de la Société Linéenne*, à Bordeaux. — 10. Nacres et perles des Unios ; — 11. Produits manufacturés des nacres et perles des Unios.

Stenfort, *dj. n.* — 12. Camées pour broches.

Gérard, *propriétaire*, à Bordeaux, 160, rue

du Palais-Gallien. — 14. Ecailles de tortues de mer dit carret (caretta.)

Georget, *propriétaire de sources incrus-tantes*, à Chatelguyon, (Puy-de-Dôme).—15. Collection de poissons, grenouilles, végétaux pétrifiés et incrustés, reptiles, oiseaux, nids d'oiseaux, médailles, camées, objets artistiques.

Reverchon, *sculpteur* à Paris.— 16. Portraits camées des sommités contemporaines. — 17. Œuvres d'art sculptées sur coquillages. — 18. Le casque le plus connu dans le monde artistique. — 19. Camées romains.

Tavernier, *négociant*, à Paris. — 20. Coquillages, nacres et marchandises ouvrées.

Poignant (E.), chimiste à Paris. — Couleurs : sépia, bitume, écarlate et jaune.

Colonies françaises.

Deplanche, à la Nouvelle-Calédonie. — 76. Ecailles de tortue caret.

Gérard, *commissaire de marine*, à Gabou. — 77. Cacoris frais. — 78. Cacoris faux. — 79. Ecailles de tortue.

Brander. — 80. Huîtres perlières.

Calefan ben Ali. — 81. Ecailles de tortues.

Confédération Germanique.

Hessemer Joseph, *pêcheur*, à Worms (Hesse-Grand-Ducale. — 98. Poissons dont les écailles servent à la fabrication des perles artificielles (un flacon); — 99. Ecailles de poissons servant à la fabrication des perles (un flacon); — 100. Perles artificielles (un flacon).

CLASSE IV.

Produits servant à l'industrie.

France.

MM. Joly, *chimiste*, à La Rochelle. — 1. Huiles de poissons pour l'industrie.

VANHOUTTE ET PAQUET FLAMENT, *négociants, épuraters d'huile de foie de morue.* — 2. Huiles de poissons pour la corroierie.

DUPLAA, *médecin*, à Cap Breton, (Landes.) — 4. Peaux de chiens de mer, (une grande et une moyenne.)

MORIDE, *dj. n.*— 5. Charbon d'Algues.

A. CAROF ET Cᵉ, *négociants et fabricants de produits chimiques extraits des plantes de la mer*, à Ploudalmezeau (Finistère). — 6. Varechs; — 7. Soude brute de Varechs ; — 8. Chlorure de Sodium; — 9. Chlorure de Potassium ; — 10. Sulfate de potasse ; — 11. Souffre retiré de Varechs ; — 12. Iode de premier jet; — 13. Iode sublimé; — 14. Iodure de potassium ; — 15. Bromure de potassium; — 16. Résidus bruts pour engrais.

BRETON et Cⁱᵉ, à Paris. — Varech frais. — 18. Varech sec. — 19. Pâte de papier extraite du Varech.

DURAND (Pierre), aux Eloux, commune de Noirmoutiers (Vendée). — Soude de Varech.

Colonies francaises.

BANCAL, *docteur médecin* au Sénégal. — 21. Ichtyocolle.

DEPLANCHE, à la Nouvelle-Calédonie. — 22. Défense de morse. — 23. Peau de morue tannée. — 24. Dent de cacholot. — 25. fanon de jeune baleine,

GIRARD, *commissaire de marine*, à Gabon. — 26. Dents d'hippopotame. — 27. Défenses id. — 28. Cravaches id. — 29. Cravaches de lamantin.

POUGET, à Cayenne. — 30. Ichtyocolle ; — 31. Dents d'hippopotame ;

PAUL (Jules), à la Guadeloupe. — 31 bis. Éponges.

Belgique.

T'KINT, sénateur, à Bachte Maria Leerne. — 25. Deux bottes d'osier cultivé dans un terrain marécageux.

Vicomte Alfred VILAIN XIV, sénateur, à Bazal. — 32. Bottes de roseaux. — 33. Bottes d'iris à l'usage des tonneliers.

34. — Bottes de joncs ordinaires. — 35. Bottes de joncs dits : Steenbiezen. — 36. Bottes de joncs à empailler les chaises.

Grande Bretagne.

E.C. STANFORT, à Glascow.—40. Plantes marines auxquelles s'appliquent spécialement les procédés de distillation de l'exposant ; — 41, Sels de soude et de potasse, obtenus par ces procédés ; — 42. Sels d'iode et de brome obtenus par ces procédés ; — 43. Sulfate d'ammoniaque et naphte, obtenus par ces procédés ; — 44. Huiles et essences diverses.

Danemark.

GESLASON, *conseil du gouvernement danois pour les affaires de pêche*, à Copenhague. — 46. Membranes internes de la vessie natatoire de la morue servant à fabriquer l'ichtyocolle.

Pays-Bas.

EYGENRAAM. C.-B., *négociant*. — 50. Echantillons de colle de poisson.

Turquie.

AUBLÉ frères, *négociants*, à Rhodes (Turquie). — 3. Eponges des Iles de l'Archipel et de la mer d'Afrique.

CLASSE V.

Produits servant à l'agriculture.

France.

JOLY, *chimiste*, à La Rochelle. — 1. Engrais de poissons, dit *Guano français*, préparé avec des poissons non comestibles et le débris des pêches.

VINCENT A., *chimiste*. — 2. Echantillons de produits maritimes employés comme engrais et pêchés dans ce but.

MORIDE, *dj. n.*, *chimiste*, à Nantes.—3. Engrais d'Algues.

ROHART fils, *vice-consul* de France, en Norwége, rue Nollet, 70, à Paris. — 4. Guano de Norwége obtenu des débris de pêche (1 sac).

Colonies françaises.

AURIOL, à la Réunion. — 49. Guano de Salazie.

CLASSE VI.

Produits servant à l'industrie des eaux elle-même.

France.

MM. DELIDON, *dj. n.* — 1. Rogue à Sardines.

CHEVRIER, *peintre*, à Saint-Gilles-sur-Vie (Vendée). — 5. Rogue ou appât pour la pêche de la sardine.

LAYMET, *fabricant de conserves alimentaires*, à l Ile Tudy, (Finistère). — 6. Rogue artificielle pour la pêche de la sardine.

VICOMTE DE BEAUMONT. — 8. Insectes utiles à l'alimentation des jeunes salmonidés.

PEYRON (Silvain), à Quimperlé. — 9. Gueldre ou embryons de chevrettes pour appat, servant à la pêche de la sardine.

Colonies françaises.

LE CHARPENTIER. — 30. Rogues de Morue.

Belgique.

SOCIÉTÉ DE PISCICULTURE DE BRUXELLE. — Bocal contenant trois espèces de vers pour Amorces.

Suède et Norwége.

MM. RASMUS LOSSIUS, *négociant*, à Dronthein — 45. Rogue.

Le Consul H. Lundgrenn, *négociant.* — 47. Rogue.

Mouinckel et fils. — 48. Rogues.

Pays-Bas.

Musée botanique de l'Université d'Utrecht. — 49. Algues, qui par leur développement extrême empêchent la navigation et la pêche; — 50. Echantillon de l'*Élodes Canadensis* vivant.

CLASSE VII.

Produits divers.

France.

MM. Brièrre, *receveur particulier des douanes*, à Saint-Hilaire-de-Riez. — 1. Echantillons de sel.

Dol, père et fils. — 2. Echantillons de sels, provenant de marais salants.

Kuhlmann et Cᵉ, *propriétaires des salines de Villefranche*, représentés par M. Laurent, directeur. — 3. Sels bruts; — 4. Sels raffinés.

Colonies françaises.

De la Grandière, *vice-amiral.* — 40. Sels de pêche.

Bauperthuis, à la Guadeloupe et dépendances. — 41. Sel de St-Martin, (un bloc et flacon).

Comité, local de la Réunion. — 42. Sel de St-Louis.

CLASSE VIII.

Collections de produits.

MM. Le Jolis, à Cherbourg. — 1. Algues marines.

Le Marié, *imprimeur et naturaliste*, à Saint-Jean-d'Angely. — 2. Un herbier marin et trois tableaux ; —3. Algues du golfe de Gascogne.

Dasté, *propriétaire*, à Arcachon. —4. Huîtres de divers âges.

Fourcade, *médecin vétérinaire*, à Bagnères-de-Luchon. — 5. Herbier contenant les plantes aquatiques et marécageuses des Pyrénées centrales.

Lépine, *naturaliste*, à Bordeaux.— 6. Poissons empaillés.

Lespinasse, *membre de l'Académie*, à Bordeaux. — 7. Album d'algues marines et d'eau douce et en particulier algues du département de la Gironde.

Moride (Edouard), *chimiste manufacturier*, à Nantes. — 8. Algues marines et leurs produits.

Le Comité de Dunkerque. — 21. Série d'oiseaux des côtes de Dunkerque ; — 22. Série de coquillages des côtes de Dunkerque ; — 23. Série de poissons de mer. — 24. Série de poissons d'eau douce.

Trottabas, *lieutenant de vaisseau, commandant le Favori*, à Toulon. — 25. Collection de coquillages vivants et coquilles provenant du fond de la rade de Toulon ; — 26. Collection de végétaux sous-marins.

Jouan (Mathurin), *libraire, préparateur d'algues*, à Belle-Ile-en-Mer (Morbihan). — 9. Plantes marines des Côtes de Bretagne, préparées et appliquées sur papier.

Guillou, *pilote*, à Concarneau (Finistère). — 10. Poissons et crustacés vivants.—11. Poissons et crustacés. (Carapaces et squelettes). 12. Anemones. — 13. Actinies. — 14. Polypiers. — 15. Eponges. — 16. Gants de Neptune.

Stenfort, *dj. n.* — 17. Albums de grandes et de petites plantes. — 18. Bouquets pour albums, pour cadres, pour menus de diners. — 19. Panneaux de boudoirs sur mesure.— 20. Cartes de visite et de concert.

Duval et Gallard, à Paris (31, rue Tronchet). — 21 *bis*. Collection d'étiquettes d'environ trois cents variétés de poissons, crustacées, etc.

Duffaud, *ingénieur en chef des ponts et chaussées*, au Mans. — 27. Collection d s poissons du bassin de la *Loire*.

Comité consultatif, à Besançon.—28. Collection des poissons du bassin du *Rhône*.

Darracq, *naturaliste chimiste*, à Bayonne. 29 Collection des habitants des eaux : reptiles, poissons, mollusques, crustacées, annélides, échynodernes, acalèphes, polypes, algues d'eau douce et algues marines du bassin de la *Garonne*.

Casse, *entrepreneur*. —30. Album de plantes marines.

Festugière, *propriétaire*, au château de Ruat, commune de Teich (Gironde). — 31. Poissons vivants : dorades, brigues, variété de mules, anguilles.

Fadeuilhe (*A*) *dj. n.* — 32. Geologie et minéralogie des thermes de Luchon. Echantillons variés de roches, métaux et végétaux soumis à l'action des eaux et vapeurs minérales.

Mme Ve Enrmance Trigant Beaumont, à Marennes (Charente-Inférieure). — 33. Herbier d'Algues marines, (2 vol.)

Société scientifique d'Arcachon. — 34. 1° Faune conchyliologique du bassin d'Arcachon ; 2° Poissons empaillés ; 3° Fœtus de Squales ; 4° Poissons moulés ; — 5° Crustacés ; 6° Annélides ; 7° Cornets à bouquin ; 8° Oiseaux de mer empaillés.

Grande-Bretagne.

Wisseman Fck. — 35. Huîtres natives.

Fck Bukland à Londres.—36. Huîtres des côtes d'Angleterre ; — 37. Huîtres des côtes d'Irlande ; — 38. Huîtres des côtes d'Ecosse ;

— 39 Huîtres des côtes d'Amérique ; — 40. Huîtres des Indes occidentales ; — 41. Série depuis l'époque de la ponte jusqu'à six ans, spécimens montrant le développement des huîtres de la ponte ;—42. Série de spécimens montrant le développement du saumon depuis l'éclosion jusqu'à l'âge adulte ; — 43. Portion d'un saumon monstre.

Belgique.

M. MICHEL VAN HEDKE, *naturaliste*, à Blankenberghe. — 44 Collection de poissons, coquilles, crustacés, cétacés et œufs. — 45. Collection ornithologique.

Pays-Bas.

MUSÉE ROYAL D'HISTOIRE NATULELLE à Leyden. — 48. Poissons tant indigènes que des Indes conservés dans l'alcool.

MUSÉE BOTANIQUE DE L'UNIVERSITÉ, à Leyden. — 49. Echantillons d'algues des Indes orientales.

KIKKERT, *armateur et négociant*, à Vlaardingen — 50. Produits divers de la pêche.

INSTRUMENTS.

CLASSE IX.

Instruments de préparation.

MM. JOUANNIN et Ce, *ingénieurs mécaniciens*, à Paris. — 1. Machine à lacer les filets de pêche et autres.

FRAGNEAU, *constructeur*, à Bordeaux.—2. Machine locomobile appliquée directement à l'épuisement des réservoirs en construction ou en réparation, — 3. Machine à filer et faire du cordage.

LALANNE (Ulysse), *cordier*, à La Teste. — 4. Métier à fabriquer les cordages à la main.

Suède et Norwège.

WIDEGREEN. — 47. Echantillons de matières premières pour la confection de lignes et filets et autres engins du même genre.

Pays-Bas.

SPRUYT et Ce, *droguistes*.— 49. Echantillon de catechou ou terre du Japon pour tannin.

MAAS (A.-E.).— 50. Appareils et matières pour tanner les filets.

CLASSE X.

Instruments de transport.

France.

MM. FÉRAND, *ingénieur en chef des ponts et chaussées*, à Poitiers. — 1. Modèle en relief de l'échelle à saumons construite sur la rivière de Vienne, au barrage de la manufacture d'armes de Châtellerault.

GOUEZEL, *conducteur des ponts et chaussées*, à Belle-Ile-en-mer (Morbihan). — 2. Propulseur sans organe extérieur agissant par la réaction hydraulique ; — 3. Id., signal pour bacs.

NOEL, *marin*, à Arcachon. — 4. Modèle de chaloupe de pêche avec le chalut monté.

HURET LAGACHE, *négociant*, à Condette (Pas-de-Calais). — 6. Huit pièces de toiles à voiles — 7. Id. ; — 8. Id. ; — 9. Id. ; — 10. Id. — 11. Id. ; — 12. Id. ; — 13. Id.

CONSOLIN, *professeur du cours de voilerie*, à Brest. — 14. Modèle de voilure appliquée à un canot pilote; — 15. Modèle de voilure appliquée à un canot de pêche.

LANDUCH, *marin*, à Saint-Gilles-sur-Vic. — 16. Chaloupe pour la pêche à la sardine avec toutes ses dépendances.

LÉON VAN-DEN-BOSSCHE, *armateur*, à Arcachon. — 17. Grande tillole faisant la pêche dans l'Océan avec ses agrés et apparaux.

FRAGNEAU (Félix), *ingénieur mécanicien*, à Bordeaux. — 18. Bateau de pêche à vapeur

RIVET, *peintre vitrier*, à Fécamp. — 19. Peinture pour la carène des navires.

GÉRARD et LAFAYE, *fabricants de cordages*, à Bordeaux. — 20. Menus cordages et amarres en fibres de coco.

LE GRAND, *poulieur*, à Grand-Camp (Calvados). — 21. Poulies sans galets ; — 22. Poulies à galets.

LACOIN et Cie, *fabricants de cordages*, à Bayonne (Basses-Pyrénées). — 23. Cordages pour la marine, lignes de fond pour la pêche de la morue, etc.

COQUELIN, *dj. n. négociant*, au Vivier-sur-Mer (Ile-et-Vilaine). — 24. Bouée pour le beau temps ;— 25. Bouée de sauvetage pour la tempête.

DEPUILLE, *avironnier*, à Bordeaux. — 26. Série d'avirons pour bateaux de pêche et autres.

LAVERGNE et DELBECKE, *fabricants d'enduits métalliques*, à Dunkerque. — 27. Enduit métallique préservant les carènes des bateaux de pêche de la piqûre des vers et de l'adhérence de tous coquillages et herbes marines.

PEAN, frères, *filateurs*, à Nantes. — 51. Fils. — 52. Lignes. — 53. Filet.

ANDRÉ, *armateur*, à Grand-Camp (Calvados). — 54. Mortel de bateau pêcheur ou chalent muni de ses engins de pêche.

Grande-Bretagne.

FRANCK BUKLAND, Southampton. — 33. Plan d'une échelle à saumons élevée à Moulsey, sur la Tamise par les soins du Thames-conservansay-Bard. — 34. Modèle d'échelle à saumons.

W. C. Hughes, à Southampton.—35 Bateaux de plaisance armés pour la pêche.

Hewelt et Cie à Londres. — 36. Modèle d'un bateau employé dans la mer du Nord il y a 50 ans, à la pêche de la morue ; — 37. Deux modèles de bateaux, employés actuellement.

Horsfall J.-H., à Londres. — 38. Echelle a saumon.

Wiseman, à Londres. — 39. Dragues de la côte d'Essex (trois modèles.)

Captain Lumley, à Londres. —40. Modèle d'un gouvernail *Lumley*. — 41. Autre modèle du même gouvernail appliqué aux bateaux de pêche.

Suède et Norwége.

Widegreen. — 42. Modéle de bâtiment et objets d'armement.

Pays-Bas.

Société zoologique d'Amsterdam.—45. Modèle de bateaux pêcheurs de divers pays.

Maas. — 46. Deux bouées (modèle Joon et Breel.)

Visser et Van-Leuwen, *fabricants de fils*, à Schiedam (Hollande). — 47. Echantillons de différentes sortes de fils en chanvre, poil de chèvre, etc., pour filets et lignes.

Van Galen, *fabricant de fil*, à Goula (Hollande). —48. Echantillons de fils de chanvre faits à la main pour la pêche maritime et fluviale.

Holst et Kooy, *fabricants de cordages*, à Amsterdam (Hollande). — 49. Echantillons de cordages tant pour la pêche que pour la navigation.

B.-W. Kaars Syspenstein, *fabricants de toiles à voiles*, à Krommenie (Hollande). — 50. Echantillons de toiles à voiles.

Belgique.

MM. A. de Cartier, *fabricant de minium*, à Andergen (Belgique).— Echantillons de minium.

Lagrange, *marin*, à Gits (Flandre occidentale). — 5. Cercles de mât.

Léon du Jardin, *armateur* à Blankenberghe — 28. Modèle d'une chaloupe de pêche toute montée. — 29. Échantillons de cordages.— 31. Échantillons de toiles à voiles.

Van-Baclin et Cie *armateur* à Anvers. — 32 Dix mètres de toile à voile.

Borgers (A.) *cordier* à Ostende. — 43. Echantillon de chanvre belge. — 44. Cordages pour haubans de chaloupe de pêche, en chanvre belge

---

CLASSE XI.

Instruments de travail proprement dits.

SECTION I. — PÊCHE.

Sous-section. I. — Eaux salées.

France.

MM. Broquant et Ce, *filateurs et fabricants de filets mécaniques* à Dunkerque. — 1. Filets mécaniques pour la pêche en mer ; — 2. Fils mécaniques ; — 3. Engins divers pour la pêche en mer.

Casse, *entrepreneur*, aux Sables d'Olonne (Vendée). — 4. Filets pour la pêche en mer.

Delidon. — 5, 6. Collection de tous les engins et modèles de filets de pêche des côtes de la Vendée.

Demeillier frères, *fabricants d'hameçons* à Ault (Somme). — 7. Hameçons blancs en tous genres.

Dol père et fils, *fabricants de sels marins et propriétaires de bordigues* aux Martigues, Bouches-du-Rhône.—8. Modèles de pêcherie dite bordigue en usage dans la localité.

Dubois, *négociant*, à Nantes. — 9. Modèle de seine à fond et à coulisse pour la pêche à la sardine économisant les deux tiers de la rogue; — 10. Plan d'un globe sous-marin lumineux.

Baudens jeune, *constructeur de tilloles*, à La Teste. — 11. Tillole armée pour la pêche aux flambeaux.

Devé, *fabricant de filets de pêche*, à Granville (Manche). — 12. Hameçons montés. — 13. Lignes; — 14. Filets.

Guignan. — 15. Filets pour la pêche en mer.

Dignac fils, *maître de pêche, membre du comité administratif de l'Exposition*, à La Teste. — 16. Grande senne ou traîneau; — 17. Senne de ristau; — 18. Filet de Péougue.

Bidouze, *marin et gardien de parc à huitres*, à Arcachon (Gironde). — 19. Filet pour la pêche de la Chevrette.

Vidal J.-B., *propriétaire de bordigues*, à Port-de-Bouc (Bouches-du-Rhône).—20. Modèle de bordigue usitée à Bouc et à Martigues pour la pêche des poissons sortant de l'étang de Berre.

Rouquayrol et Denayrouze, *ingénieurs*, à Paris. — 21. Appareils à deux plongeurs;— 22. Appareil spécial pour la pêche du corail et de l'éponge.

Videau, ainé, à Sainte-Terre par Castillon (Gironde). — 23. Plan d'un système de pêche au saumon avec modèle de filet.

Soetenaey, *armateur*, à Dunkerque. — 24. Gaffions; — 25. Hameçons;—26. Arbalète; — 27. Plombs de pêche.

Caillabet, père et fils, *fabricants d'instruments de pêche*, à Bordeaux.— 28. Cordages; — 29. Lignes; — 30. Filets de pêche.

Saumagnac (Pierre), *patron pêcheur*, à Fouras (Charente-Inférieure). — 31. Chalut.

Blanc, *fabricant de filets de pêche*. — 33 Filets pour la pêche en mer.

Derien-Camus, *serrurier-mécanicien*, à Paimpo (Côte-du-Nord). — 35. Hameçons à œillets adoptés par l'Etat ; — 36. Hameçons, système de Dunkerque ; — 37. Plomb breveté garni de sa balancine-faux ; — 38. Poisson plomb non refoulant ; — 39. Yeux artificiels avec émerillon ; — 40. Mecque pour la confection des lignes.

Le Gall, à Fouesnant (Finistère). — 42. Modèle d'écluse fonctionnant seule ; — 43. Instruments pour pêcher l'anguille

Mlle Moreau, *fabricant d'ustensiles de pêche*, à Bordeaux, 36, rue Sainte-Colombe. — 45. Filets pour la chasse aux canards ; — 46. Filets pour la pêche.

MM. Thin, *maître poulieur*, à Saint-Vaast-la-Hougue (Manche). — 47. Caisse de poulies d'assemblage ; — 48. Rat à galets (ancien système) ; — 49. Rat à galets (nouveau système).

Lalanne, *cordier et fabricant de filets* à La Teste. — 52. Cordages ; — 53. Fils ; — 54. Filets.

Sébeillard frères, *serruriers forgerons* à La Teste (Gironde). — 55. Fouanes et outils de pêche.

Barrau, *taillandier-forgeron*, à Certes, par Audenge (Gironde). — 56. Fouane en acier forgé sans crochets, pour la pêche aux flambeaux ; — 57. Fouane en acier forgé, avec crochets, pour la pêche aux anguilles.

Silhouette (Casimir), *capitaine au long cours*, à Biarritz. — 60. Filet d'anchois et sardines pour la pêche au caracol. — 61. Filets pour anges de mer. — 62. Filets à chevrettes. — 63. Nasses à langoustes et homards. — 64. Engins pour poulpes et crabes. — 65. Lignes pour le fond et la traîne.

Ministère de la marine et des colonies. — 66. Modèle de Madraque. — 67. Modèle de Bordigue.

Belgique.

Établissement de pisciculture de Bruxel-

LES. — 200. Bêche pour prendre à la côte les vers-amorces.

MM. LÉON DU JARDIN, *dj. n.* — 201. Modèles de tous objets d'armement, grandeur usuelle, 202. Echantillons de filets en usage sur les côtes belges; — 203. Echantillons de fils pour la confection des filets.

VAN-BAELEN ET Ce, *dj. n.* — 204. Fils de chanvre d'Italie, pour fabriquer le stel; — 205. Fils de chanvre pour attacher l'hameçon au stel; — 206. Cent fils fabriqués au moyen du stel (no 2), mais devant être encore tannées et cachouées pour la conservation; — 207. Cent fils de stel tannés et cachoués; — 208. Cent fils et cent hameçons prêts pour la ligne de fond; — 209. Lignes de fond (cachoué et non cachouée). — 210. Spleet ou ligne de fond faisant partie de l'appareil dit: Beng, pour la pêche du Cabillaud; — 211. Douze bouées pour points de démarcation sur le lieu de la pêche; — 212. Cordages pour attacher les lignes aux bouées; — 213. Ligne pour la pêche aux églefins; — 214. Appareil complet pour cette pêche; — 215. Filet pour la pêche aux crevettes; — 216. Panier pour la pêche aux anguilles et petites crabes.

Désiré BEMET, *pêcheur*, à Niew-port. — 217 à 226. Quatre filets pour anguilles, trois filets pour jeunes cabillauds, et trois filets pour carrelets.

ZOUNEQUIN, *armateur*, à Niewport. — 227 à 236. Filet à bâtons (stokjenet), filet pour flotter (stoklectenet), filet par soles (tongenet), filet pour harengs (haringuet), filet pour carrelets, turbots, barbues, plies et raies, filet dit *poermet*; filet pour carrelets et plies; filet traînant pour la mer (Seine); engins de pêche pour églefins et merlans.

LES PÊCHEURS DE LA PAUNE. — 237 à 242. Filets à bâtons (stokjenet), filets pour soles (tougenet), filets pour harengs (haringuet), filets pour flottes et cabillauds (grool want), filets pour églefins et merlans (rheine want).

Auguste PÈDE, *armateur*, à Ostende. — 343. Un chalut complet prêt à la pêche. — 244. Poulie à drisse avec mobile, pour la levée du chalut. 245. Deux lignes pour la pêche de la morue. — 246. Harpon pour le squale.

Borgers (A.), *cordier*, à Ostende.— 247. Deux échevaux de fil à chalut.

Grande-Bretagne.

MM. Kulback, à Southampton. — 380. Trappe perfectionnée pour prendre les homards et les chevrettes

Ch. Widows, à Londres.—381. Appareil lumineux à attirer les poissons.

Al. Bryson, à Edimbourg. — 3. Modèle d'un nouvel appareil de pêche.

Suède et Norwége.

MM. Widegreen, *dj. n.* — 394. Hameçons pour les diverses pêches en mer; — 395. Collection de filets pour la pêche en mer.

Pays-Bas.

Van Bleiswyk et de Koningh, *armateur*, à Enkhingen. — 236. Partie d'un filet pour la grande pêche des harengs et accessoires.

Société zoologique, à Amsterdam. — 397. Collection de filets des Indes orientales néerlandaises. — 398. Ligne complète du Japon.

MM. Dunlop, S., *négociant*, à Rotterdam. — 399. Ligne javonaise du détroit de la Sonde.

Maas, A.-E., *armateur et négociant*, à Scheweningen; — 400. Filets, lignes, hameçons et accessoires.

Sous-section II. — Eaux douces.

France.

MM. Beney, *fabricant de filets*, à Mauzac (Dordogne). — 1. Nasses en osier.

Chansiolme, *pêcheur et fabricant de filets*, à Migay (Dordogne). — 2. Filets appelés verveux.

Guignan, *fabricant de filets*, à Bordeaux.— 3. Filets pour la pêche en rivière.

Service hydraulique du département de la Charente-Inférieure, à La Rochelle. — Collection des filets fabriqués par les sept exposants ci-dessous :

BAUDRY, aîné, à Saint-Jean-d'Angely. — 4. Tramail. — 5. Tonneau ou tambourg. — 6. Verveux (Grand). — 7. Truble, à Loches.

BARRATEAU, à Saint-Jean-d'Angely. — 8. Epervier. — 9. Truble, à Gattes. — 10. Verveux, à Anguiles. — 11. Lance.

BAUDRY, Jean, à Saint-Jean-d'Angely. — 12. Manche cylindrique et sa bourgne. — 13. Verveux cylindique. — 14. Allier.

DUPONT (Jean), aux Epinettes (commune de Champdolent). — 15. Bourgnon. — 16. Bourgne (Grande).

GUÉRIN, à Rochefort. — 17. Haveneau. — 18. Guinguenache. — 19. Bourolle. — 20. Charmeau.

MICHAUD, à Tonney-Bout[e]. — 21. Vachette.

MARTAIN, à Saint-Jean-d'Angély. — 22. Lignes (volante et flottante).

BLANC. — 23. Filets pour la pêche en rivière.

BROQUANT et Ce, *dj. n., fabricants de filets à la mécanique*, à Dunkerque. — 24. Filets mécaniques pour la pêche en rivière; — 25. Filets mécaniques servant à la confection de ces filets; — 26. Engins divers pour la pêche en rivière.

DUBOIS, *négociant*, à Nantes. — 27. Engins pour détruire le gros poisson nuisible.

DAGUENET. — 28. Tamis avec lequel les anguilles sont pêchées la nuit, aux flambeaux, dans l'Adour.

BELTON et SAINT-CISTERNES-DE-LORMEZ, au Mont-d'Or. — 29. Filet dit tramail, en soie ouvrée.

TARIS (Pierre), *sabottier*, à La Teste (Gironde). 30. Appareil pour prendre le poisson dans les eaux courantes.

AUBÉ (E.), *ingénieur des ponts et chaussées*, à Dax (Landes). — 31. Modèle des pêcheries-Taros employées sur les rivières des gaves.

FADEUILH (A.), *dj. n.* — Engins de pêche.

GRIPART (H.), *tréfileur*, à Chenesès (Doubs). — 33. Nasses en fil de fer.

Bouvier, *commis greffier* au tribunal civil de Besançon (Doubs). — 34. — Nasse en fil de fer. — 35. Nasse en osier.

Dumons, dit **Mina**, à Saint-Aignan (Tarn-et-Garonne). — 36 à 40. Cinq genres de filets.

Vicomte de **Beaumont**, *dj. n.* — 41. Filet dit *remarque* ou *manche*.

Houlbrèque (A.), *armateur*, à Fécamp. — 42. Diverses cordes et lignes de pêche.

Servage (Raymond) à Migage (Dordogne). — 43. Filet nommé Vervolet.

Fillastre, *maître cordier*, à Saint-Pierre en port (Fécamp). — 44. Pelotte de fil de chanvre fabriqué dans ses corderies.

Mme Ve Pierre **David**, à Saint Pierre-en-port. (Fécamp). — 45. Pelotte de fil de chanvre fabriqué à la main par l'exposante.

Pays-Bas.

L'Établissement de pisciculture de Bruxelles. — 60. Tamis en cuivre pour prendre la montée d'anguilles ; — 61. Filet en toile pour le même usage ; — 62. Nasse en osier pour prendre les écrevisses ; — 63. Verveux à amorce pour les écrevisses ; — 64. Verveux pour prenore le poisson sans amorce.

Van Baelen et Ce, *dj. n.* — 65. Filet et accessoires pour la pêche fluviale (krabber).

Servoie, *fabricant de paniers*, à Ostende. — 66. Anguillère ,pour rivière et eaux intérieures ; — 67. Petite anguillère.

Confédération Germanique.

MM. **Hessemer** (Joseph). — 96. Filets servant à pêcher les poissons à écailles.

Suède et Norwége.

MM. **Widegreen**. — 97. Collection de filets pour la pêche d'eau douce ; — 98 Hameçons pour les diverses pêches d'eau douce.

Pays-Bas.

MM. **Kersbergen**, à Lekkerkerk. — 99. Grand filet flottant ou mobile pour pêcher des saumons dans les fleuves, avec accessoires.

VAN NETTEN REYNDERS, *fabricant* à Rotterdam. — 100. Collection de filets pour la pêche fluviale.

SECTION II. — AQUICULTURE.

Sous-seetion I. — Eaux salées.

France.

M. CHAILLET et Cᵉ. — 1. Appareils collecteurs.

CHARLES, *négociant*, à Lorient.— 2. Caisse ou ruche dans laquelle les tuiles reçoivent le naissain des huîtres.

DELIDON. — 3. Appareil de verdissement et d'élevage des huîtres.

GUILLET, *négociant*, à Noirmoutiers.— 4 Appareils collecteurs pour les huîtres.

MICHELET, *entrepreneur de bâtisses*, à Teste-de-Buch (Gironde). — 5. Tuiles collecteurs du frai des huîtres.

VIDAL, *diecteur de la Ferme-Ecole*, à Port-de-Bouc (Bouches-du-Rhône). — 6. Bouchot mobile pour la culture des moules.

VINCENT, *dj. n.* — 7. Installation pour bateaux dragueurs ;—8. Divers appareils collecteurs.

CHEVRIER, *dj. n.*—9. Modèle d'un bassin pouvant servir à l'élevage et à la reproduction des huîtres.

TURLURE, *dj. n.* — 10. Collecteur d'huîtres.

DUMORA, *maire et notaire*, à La Teste (Gironde). — 11. Appareils collecteurs pour les huîtres.

DASTÉ, *dj. n.*—12. Collecteurs garnis d'huîtres.

BIDOUZE, *dj. n.* — 13. Patins.

DELIDON, *dj. n.*—14. Bouchot à claire, nouveau système pour l'élevage des moules.

DOUILLARD, *dj. n.*—15. Engins pour la pêche dans les réservoirs; — 16. Ecluse servant à la fois de canal pour l'introduction des eaux et d'engin de pêche.

LAGUARRIGUES, *propriétaire*, au Port-de-la-Nouvelle (Aude). — 17. Plan d'un établissement de pisciculture avec réservoirs à poissons, parcs à huîtres et coquillages, à établir au Port-de-la-Nouvelle.

Cazeaux, *constructeur*, à La Teste (Gironde). — 18. Patins.

Cardin (B. A.) *ancien douanier classé marin*, à Fouras (Charente-Inférieur). — 19. Modèle d'un parc à huître.

Kemmerer, *docteur-médecin*, à Saint-Martin (Ile-de-Ré). — 20. Plan d'un bassin de pisciculture, d'après la science moderne, créé à Loix en 1865.

Spiers (J. A.) *dj. n.* — 21. Appareil flottant pour le parquage des huîtres.

Vendôme, *régisseur au château de Ruat*, commune du Teich (Gironde). — 22 à 26. Outils servant à la construction des réservoirs.

Xicou, *propriétaire de parcs et viviers d'huîtres* au château de l'île d'Oloron. — 27. Collecteur d'huîtres.

Blein-Drahonnet, *dj. n.* — 31. Tuiles et pierres (collecteurs).

Baudet, père et fils, *dj. n.* — 32. Appareils de reprodution pour les huîtres.

Belgique.

Etablissement de pisciculture de Bruxelles. — 50. Filet en corde d'aloës, à l'usage des huîtrières.

Grande-Bretagne.

MM. Wisemann. — 80. Drague à huitres employée dans la rivière Roack; — 81. Instrument pour enlever l'herbe et la vase des bancs d'huitres; — 82. Outil employé pour jeter les petites huîtres: — 83. Couteau de détroquage pour les huîtres.

Kulback. — 84. Drague à huitres perfectionnée.

Autriche.

MM. Richard, chevalier d'Erco. — 99. Modèle d'un établissement de claires, à Grado, près Trieste; — 100. Appareils collecteurs pour le naissain des huîtres.

Sous-section II. — Eaux douces.

France.

NICOLE, *dj. n.* — 1. Caisse à incubation. — 2. Radeau pour l'amélioration des moules. — 3. Plan en relief de l'établissement de pisciculture de Fécamp. — 4. Vase à incubation.

CICILE BRION, *adjoint au maire et propriétaire d'usines*, à Verdun. — De 5 à 8. — Quatre appareils à éclosion d'œufs fécondés de salmonidés et d'alevinage.

ESTAY, *fabricant de pain de noix*, à Lalinde (Dordogne). — Pain de noix préparé avec des substances non nuisibles pour servir de nourriture aux poissons.

JACQUES (Olympe), *propriétaire* à Férod, par Champagnole (Jura). — 10. Quatre boîtes à pisculture.

LE PAUTE, *conservateur du bois de Vincennes*, à Saint-Mandé. — 11. Dessins d'appareils et de bassins d'alevinage.

LE ROY. *dj. n.*—12. Appareil à incubation.

CHANTRAN, *dj. n.* — Appareil à éclosion des œufs de poissons composé de cinq rigoles et gradin ; — 14. Clarificateur des eaux.

Armand DUGOND, *aquiculteur*, au château de Moidière (Isère). — 15. Appareil à éclosion pour les œufs de truites (système particulier diminuant de moitié la perte d'alevin.).

Comte de CAUSSANS, *aquiculteur, propriétaire* — 16. Appareil à éclosion pour les œufs de truites fécondés artificiellement.

Vicomte de BEAUMONT, *dj.n.*—18. Frayère pour l'éclosion des œufs de ferras , — 19. Auge à incubation perfctionnée.

MALARD, *dj. n.*—20. Plan de l'établissement de pisciculture de l'exposant ; — 21. Appareils d'incubation.

CARON, *dj. n.*—22. Appareils pour le transport des poissons ; filtres.

DELACROIX. — 23. Plan et coupe de l'établissement de pisciculture de Coulommiers.

SCHLUMBERGER , *pisciculteur* , à Guebvilelr

(Haut-Rhin). — 24. Appareil de pisciculture pour salmonides ; — 25. Boîte à éclosion.

AVINENC, *propriétaire*, au Puy. — 26. Appareil de pisciculture pour l'éclosion des œufs de truites et de saumons.

RITTER, *ingénieur des ponts et chaussées*, à Mont-de-Marsan. — Bassin d'alevinage de Mont-de-Marsan (plan sous verre) ;—30. Appareil pour l'éclosion des ferras en lacs et en rivière.

Grande-Bretagne.

Frank BUKLAND. — 85. Appareil en ardoise à éclosion pour les œufs de saumon et de truite ; — 86. Choix de substances sur lesquelles les jeunes huîtres se fixent de préférence.

CLASSE XII

Instruments de conservation.

France.

DELAPORTE, *ingénieur*, boulevard Beaumarchais, à Paris. — 1. Grand aquarium ; — 2. Petits aquaria ; — 3. Fontaines ; — 4. Appareils de pisciculture.

DELIDON, *d. n.* — 5. Nouveau genre de boîtes pour conserver la chevrette vivante du lieu de pêche, au port.

DUFFAUD, *ingénieur en chef des ponts et chaussées*, au Mans. — 7. Panier pour le transport des poissons vivants ; — 8. Boîtes pour le transport des poissons vivants ; — 9. Sceaux pour le transport des poissons vivants.

LEROY, *dj. n.*— 10. Vivier flottant.

CARON, *dj. n.*— 11. Appareils de pisciculture.

Rozan, Marseille (29, allées des Capucines). — 12. Aquarium d'une seule pièce en verre.

Brassens, *constructeur*, à Quinsac par Latresne (Gironde). — 13. Modèle de navire de pêche avec réservoir pour la conservation du poisson.

Curet fils, *constructeur de navires et embarcations*, à La Seyne-sur-Mer (Var). — 14. Modèle d'embarcation de pêche munie d'un vivier à poissons.

Nicole, *dj. n.* — 15. Boîte pour le transport de la montée d'Anguilles. — 16. Boîte pour le transport des jeunes salmonés.

Marion (J.), *mécanicien à Cormion* (Vosges). 17. Appareil à aérer l'eau pour le transport des poissous vivants, à de grandes distances. — 18. Appareil pour le transport des œufs destinés à l'éclosion artificielle.

Société scientifique d'Arcachon. — 19. Aquarium composé de 22 bass. — 20. Six bassins pour les grands poissonnilles mollusques et un bassin circulaire.

Belgique.

Etablissement de pisciculture de Bruxelles — 50. Deux boîtes pour le transport des anguilles. — 51. Boîte pour le transport des anguilles. — 52. Seau en bois pour le transport des poissons de mer et des polypes.

MM. Auguste Pède, *dj. n.* — 53. Modèle d'une chaloupe de pêche à Vivier. — 54. Vivier mobile pour être disposé dans le grand vivier fixe. — 55. Panier pour le transport du poisson.

Grande-Bretagne.

Hewelt. — 80. Modèle d'un bateau à vapeur à hélice pour transport de poissons.

J. A. Youl. — 81. Boîte semblable à celle dans lesquelles ont été transportés en Australie des œufs de saumon.

Pays-Bas.

SPRUYT et Cᵉ, *droguistes*. — 99. Echantillon d'acide pyroligneux pour hâter la saurure.

ONTMANS (E.), *d. n.* — 100. Saumure pour les anchois (un flacon).

CLASSE XIII.

Instruments d'expédition.

France.

MM. CRAVEY (Ariste), *vannier*, à La Teste. — 1. Paniers pour expéditions de poissons, d'huîtres et d'autres coquillages.

MOUCHET (Jules), *à Paris*. — 4. Collection de paniers pour l'expédition de ta marée. — 5. *Idem* pour le poisson d'eau douce.

MOULIETS, *marin*, à Arcachon. — 2. Série de paniers de pêche de diverses dimensions.

DAGUENET, *ingénieur en chef des ponts et chaussées*, à Bayonne. — 3. Paniers pour les envois de montées d'anguilles.

Belgique.

MM. Léon DU JARDIN, *dj. n.* — 60. Echantillons de hottes et paniers.

PÈDE (A.), *dj. n.* — 61. Tonne et demi-tonne à morue. — 62. Presse complète pour embariller la morue.

Pays-Bas.

COLLÉGE des pêches néerlandaises. — 99. Modèle de marques en fer pour timbrer les tonneaux de harengs.

M. MAAS (A.-E.), *dj. n.* — 100. Tonnes et paniers pour le transport du poisson.

CLASSE XIV.

Instruments divers.

France.

MM. Gouezel, *conducteur des ponts et chaussées*, à Belle-Ile-en-Mer (Morbihan). — 1. Conduite barométrique pour les liquides ; — 2. Soude à cuvette pour les liquides ; — 3. Maréographe automateur; — 4. Sillomètre Gouezel ; — 5. Loch Turbine ; — 6 Sondeur libre.

Porte, *fabricant de tuyaux et objets en verre*, à Bordeaux. — 7. Pompes en verres enduites de ciment et revêtues de tôle (quatre spécimens dont deux fonctionnant dans un bassin en bois) ; — 8. Tuyaux en verre et ciments.

Taris (Pierre), *dj. n.* — Ligne pour prendre les canards sauvages.

Lacombe, *syndic des gens de mer*, à Bergerac. — 10. Tonne avec engins destinés à scier des pieux dans l'eau à la profondeur voulue et à pied sec.

Moride. — 11. Appareil à calciner les plantes marines.

Bailly et Moreau (Henri), *dj. n.* — 12. Modèle d'un appareil pour la conservation des naissains et l'élevage des huîtres.

Chauvin et Ce à Paris. — 13 Réservoirs. — Clarificateur pour le filtrage des eaux .

Cazalas, *chimiste*, à Paris. — 14. Désinfectant liquide pour la marine et la pêche.

Durassié, *aumonier de l'école normale* à La Sauve-sur-Créon. — 15. Aquarium en bois et ciment, avec système particulier de déversoir à grillage. — 16. Instrument pour aérer l'eau. — 17. Pincettes d'acier.

Dupuch (Pierre dit Petit), à Ares. — 18. Filet à canards sauvages monté.

Frère (George), Paris, rue St-Honoré, 19, nouveau système de pêche dit : *pêcheur automatique*.

Dumuis et Flicoteau à Paris, 6, rue de Boulogne. — 20. Appareil inodore et cabinet d'aisance pour la marine.

Belgique.

MM. Léon du Jardin, *dj. n.* — 60. Vis de calée et autres objets de calfatage.

Pède (A.) *dj. n.* — 61. Seau. — 62. Seau à goudron.

Pays-Bas.

Institut royal de météorologie, *dj.n.* à Utrech.— 99.Thermomètre de mer;—100. Instrument pour recueillir l'eau du fond de la mer.

CLASSE XV.

Collections d'instruments.

France.

MM. Moriceau et Blanchard, *fabricants d'ustensiles de pêche*, à Paris, 4, quai de Gèvres. — 1. Assortiments de lignes et de cannes à pêche ; — 2. Hameçons montés ; — 3. Filets ; 4. Accessoires de pêche ; — 5. Aquaria et appareils de pisciculture.

Mme Gaudin (veuve), *fabricant de conserves de poissons*, à Saint-Jean-de-Luz. — 6. Collection d'instruments de pêche employés sur la côte de Saint-Jean-de-Lutz.

MM. Trotabas, *lieutenant de vaisseau*, commandant le *Favori*, à Toulon. — 7. Divers engins de pêche en usage dans les environs de Toulon.

Comité consultatif de Besançon. *dj. n.* — 8. Instruments de pêche, employés dans le bassin du *Rhône*.

M. Rivet, *fabricant de conserves*, à Saint-Jean-de-Lutz. — 9. Engins de pêche du golfe de Gascogne.

Festugière, *dj. n.* — 10. Plan de réservoir. — 11 à 20. Engins servant à la pêche des poissons. Engins servant à l'introduction des poissons dans les réservoirs. Ecluse, manche, herbes, limon des réservoirs.

Coycaut (Ar.) *armateur* à Arcachon. — 21 et 22. Deux bateaux à vapeur. — 23 armement de pêche.

Grande-Bretagne.

MM. Buchanan, à Glascow. —96. Hameçons en acier.

Eaton et Deller, à Londres. — 97. Cannes à pêche, lignes, hameçons, filets.

Pays-Bas.

H. Kikkert, *armateur et négociant.* — 100. Barils pour harengs, lignes et autres engins.

Chine.

M. Porter (James), *employé des douanes chinoises,* à Amoy. 51. Jonque de guerre.—53. Coche d'eau. — 54. Gabare. — 55. Deux sam-passe (bateaux passe-rivière). — 56. Filet chinois. — 57 Six petits poissons en bois.

ÉCRITS

ET TABLEAUX.

CLASSE XVI.

Histoire naturelle.

France.

MM. Benard (Lionel), *étudiant*, au parc de Neuilly, rue Borghèse 139. — 1. Mémoire sur les propriétés chimiques des différents sels contenus dans l'eau de mer, et leur application à l'industrie et à l'agriculture.

Fisse jeune, *propriétaire des bains de Cadéac*, à Cadéac (Hautes-Pyrénées). — 2. Notice sur les eaux minérales naturelles de Cadéac et leur analyse.

Le Marié, *imprimeur et naturaliste*, à Saint-Jean-d'Angély.— 3-4. Analyse déchotomique et catalogue général des poissons du Poitou et des Deux-Charentes.

Beaumont (Le vicomte de), *propriétaire*, au château de Cluzel, près Rodez.—5. Réponse au formulaire: Question 20ᵉ. — 6. de la nutrition des jeunes salmonidés au moyen d'une larve de l'eau courante.

Bonnardière, *docteur-médecin*, à Arcachon. —7. Histoire de la thalassothérapie ou de la médication marine (mémoire manuscrit) ; — 8. La vie et la mort dans les eaux (mémoire manuscrit).

Fournier, *docteur-médecin*, à Paris. — 9. Exposé des progrès de la botanique des eaux (mémoire manuscrit).

Le Jolis, *naturaliste*, à Cherbourg. — 10. Ouvrages d'histoire naturelle.

Garnier fils aîné, *directeur des eaux minérales*, à Vergèse. — 11. Eaux de Vergèze (2 brochures).

Lépine, *naturaliste*, à Bordeaux.—12. Groupe d'oiseaux aquatiques empaillés.

Rico, *inspecteur de pisciculture*, à Clermont-Ferrand.—13. Description des insectes et autres animaux les plus nuisibles aux poissons.

Comité de Besançon, *dj. n.* — 14. Catalogue des produits des eaux dans le bassin du Rhône et principalement dans l'ancienne province de Franche-Comté.

Gassies, *d. n.*, à Bordeaux. — 15. Divers ouvrages imprimés sur les mollusques terrestres et d'eau douce de la même région; — 16. Malacologie terrestre, fluviolacustre et interlittorale des dunes d'Aquitaine.

Frère Ogérien, *directeur de l'Ecole chrétienne*, à Lons-le-Saunier.—17. Histoire naturelle du Jura.

Bouchaud de Bussy, *dj. n.*—18. Réponses au formulaire : question 21-28.

Thomé de Gamond, *ingénieur civil*, à Paris.—19. Carte de la migration des harengs à travers l'Atlantique.

Despinoy (A) *dj. n.*— 20. Mémoire manuscrit sur la composition et les propriétés des eaux et des extraits de foies de morue. — 21. Mémoire imprimé sur les eaux et les extraits de foies de morue.

Laporte (Cl.-Ch.), *lieutenant comptable de la corvette-école*, à Bordeaux.—22. Ichtyologie de la Gironde, annotée. — 23. Catalogue des insectes aquatiques du département de la Gironde. (Deux manuscrits).

Bataillard (Joseph), *greffier de la justice de paix*, à Audey (Doubs). —24. Mémoire manuscrit sur les plantes aquatiques de la Franche-Comté, utiles à la médecine et à l'agriculture.— 25 Mémoire sur les insectes aquatiques. — 26. Notice imprimée sur les insectes nuisibles de Franche-Comté.

Perrogon, *éleveur d'huîtres*, à la Tremblade.

— 27. Détail sur l'origine et la qualité des huîtres.

MOULS (J.-F.-X.), *curé-desservant* à Arcachon. — 28. Réponse au formulaire (huîtres, moules, anguilles, écrevisses).

LÉGER (Cyprien), *fabricant de cordages artistiques*, rue d'Enfer, 26. — 29. Collection de poissons maculés et peints d'après nature.

VIDAL, *Dj. n.* — 30. Collection photographiée d'écailles de poissons de la Méditerranée.

SOCIÉTÉ SCIENTIFIQUE D'ARCACHON. — 31. Plan en relief du bassin d'Arcachon et des dunes qui l'avoisinent.

DU CHALARD, ingénieur en chef de la marine à Nantes. — 32. Le taret, ses mœurs. Dégâts qu'il cause dans les bois de Marno.

Belgique.

M. DE SÉLYS-LONCHAMPS, *sénateur*, à Liége. — 60. Observations sur les poissons de France et de Belgique. — Farine belge. — 62. Discours à l'Académie royale des sciences. — 63. Lettre au directeur de la *Revue Zoologique*. — 64. Lettres sur différents sujets illiogoliques.

Grande-Bretagne.

MM. J. COUCH, à Polperro (Cornwall). — 70. Traité de la famille des anguilles.

H. J. HANCOCK, *membre de la Société d'acclimatation*, à Londres. — 71. Observations sur l'anatomie des jeunes saumons.

Sir WILLIAM JARDINE à Lakerly (Ecosse).—72. Histoire naturelle des salmonidès d'Ecosse.

Confédération Germanique.

MARTINY (ED.), *Dj. n.* — 80. Analyse chimique des eaux de la source de Saint-Boniface.

Pays-Bas.

COLLÉGE des pêches néerlandaises. — 95. Carte de la mer du Nord, de 1740

Musée botanique de l'Université, à Utrech. — 96. Notice historique du professeur Miquel, sur l'élodes Canadensis ; — 97. Notice historique du professeur Miquel sur les algues et autres plantes d'eau des Indes orientales.

Institut royal de Météorologie, à Utrech. — 98. Divers journaux tenus par les pêcheurs de harengs pour observations météorologiques, — 99. Divers rapports de l'Institut sur les résultats de ces observations ; — 100. Carte indiquant la marche des harengs d'après lesdites observations.

CLASSE XVII.

Technologie.

France.

Société d'horticulture de Montauban. — 1. Rapports imprimés sur les opérations de pisciculture depuis 1860 jusqu'en 1866.

MM. De Broca, *lieutenant de vaisseau*, à Nantes. — 2. Ouvrage intitulé : Etude sur l'industrie huîtrière des Etats-Unis, suivie de divers aperçus sur l'industrie de la glace en Amérique, les bateaux de pêche pourvus de glacières, les réservoirs flottants à poissons, la pêche du maquereau.

Chevrier. — 3. Note des moyens employés pour former le premier échantillon de rogue.

Galbert (le comte de), *ancien magistrat*, *maire de La Buisse*, à La Buisse (Isère). — 4. Plan de l'établissement de pisciculture de La Buisse ; — 5. Brochures ; — 6. Projet de repeuplement du lac de Bourget (Savoie) et d'Avigliana (Italie).

Gouezel, *conducteur des ponts et chaussées*, à Belle-Ile-en-mer. — 7. Questions maritimes ;— 8. Guide du sillage ;—9. Divers mémoires concernant la construction, l'emploi des bouées et le balisage maritime en général.

Caillo jeune, à Nantes. — 10. Recherches sur la pêche de la sardine en Bretagne et sur les industries qui s'y rattachent (Broch.)

De Peyron, *négoçiant*, à Quimperlé. — 11. La pêche de la sardine et des industries qui s'y rattachent. (Broch.)

Rico, *inspecteur de pisciculture*, à Clermont-Ferrand. — 12. Résultats obtenus par les procédés artificiels dans l'empoisonenment du lac Pavin (m. man.) ; —13. Observations sur les fécondations artificielles, l'alevinage du poisson d'eau douce, le repeuplement des cours d'eau, lacs et bassins du département.

Laguarrigue. — 14. Notice historique, avant-projet, devis et autres documents relatifs à un établissement de pisciculture.

Férand, *ingénieur en chef des ponts et chaussées*, à Poitiers. — 15. Mémoire sur la construction de l'échelle à saumons exposée.

Couturier, *dj. n.*—16. Plan et dessin de l'atelier de pisciculture de Cadillac ; — 17. Compte rendu des opérations de la campagne 1864, 1865 et 1866.

Vincent, *dj. n.* — 18. Mémoire sur l'élève de l'huître.

Denayrouze et **Rouquayrol**, *ingénieurs*, à Paris. — 19. Note sur l'appareil plongeur Rouquayrol, à air comprimé ; — 20. Rapport des commissions chargées d'expérimenter l'appareil.

Moriceau, *dj. n.* — 21, 22 et 23. Trois ouvrages sur la pêche.

Rivière (Le baron de) d.n, à Saint-Gilles (Gard) — 24. L'aquiculture, nécessité de fonder des fermes modèles pour l'étudier et l'enseigner. (2 broch.)

Arthus Bertrand, *éditeur*, à Paris. — 25. — Nouveau système de pêche, par M. Berthelot. (broch.)

Comité de Besançon, *dj. n.* — 27. Catalogue des instruments employésdans le bassin du Rhône et spécialementdans l'ancienne province de Franche-Comté.

M. Wallon, *docteur en droit*, à Montauban. — 32. Plan du chalet de pisciculture ; — 33. Brochure sur les opérations de pisciculture et leurs résultats dans les cours d'eau.

Dagenès fils, *pêcheur*, à La Teste. — 35. De la pêche à l'hameçon (mémoire manuscrit) ; — 36. Réponses au formulaire sur l'histoire des anguilles, des huîtres et sur l'aquiculture.

Le Gall, *d jn*.—37. Réponse au formulaire : 1re question ; — 38. De la chasse en mer ; — 39. Note sur l'anguille.

Conseil, *artiste peintre*, à Dunkerque. —40. Pêche aux hareng (tableau à l'huile).

Rotschild, *éditeur*, à Paris. — 49. Livres français relatifs à la pêche ou à l'aquiculture.

Cicile Brion. d. n.—50. Mémoire sur l'appareil rotatif Cicile Brion.

Consolin, *professeur de cours de voilerie*, à Brest. — 51. L'art de voiler les embarcations. Ouvrage accompagnant deux modèles de voilure, l'une appliquée à un canot pilote et l'autre à un bateau de pêche.

Sicard. *djn*.—53. Etude sur les moyens pratiques de faire éclore et d'élever les poissons d'eau douce, et sur la possibilité d'élever en captivité les poissons de mer.

Trotabas, *lieutenant de vaisseau commandant le Favori*, à Toulon. — 54. Réponse au formulaire, question : Quels sont sur le littoral du 5e arrondissement les criques, anses, étangs, etc. etc.

Bobierre, *directeur de l'Ecole des scieuces* à Nantes.— 28. Produit des pêcheries maritimes de la Norwège. Renseignements généraux sur l'établissement de M. Rohart (Broch).— 29. Rapport sur le guane de Norwège, fabriqué et importé par M. Rohart.

Coussin, *auteur*, à la Bastide (Bordeaux). — 30. Abrégé de Pisciculture (12 broch). — 31. L'agricultnre (discours manuscrit).

Mallet, *capitaine de frégate*, à Brest. — 26. Mémoire sur l'emploi de la vapeur dans la pêche.

Spiers (J. A.) à Paris. — 34. Plan d'un appareil à fabriquer le Guano de poisson.

Mme Ségalla (veuve) à Arcachon. — 42. Coque de navire avec son gréement (objet d'art) 43 à 46. Quatre tableaux de marine.

MM. Nicole (Paul) au Hâvre. — 41. Plan de l'établissement de pisciculture d'Ooches.

Aubé (E). *dj.n.* — Plan du laboratoire de pisciculture de Peyrchorade.— 48. Notice sur les expériences faites et les résultats obtenus à l'établissement.

l'Établissement de pisciculture de Humingue —52. Recueil de photographie des bâtiments et appareils.

MM. Marion, *mécanicien* à Cornunon (Vosges). — 55. Mémoire sur le repeuplement des ruisseaux des Vosges.

Joly (N.) *docteur, professeur à la faculté des sciences* à Toulouse. — 56. Causerie sur la pisciculture. — 57. Analyse du rapport de M. Coumes sur la pisciculture et la pêche fluviale en Angleterre, en Ecosse, en Irlande.— 58. Coup d'œil sur les origines de la pisciculture fluviale et sur l'état actuel de cette industrie en France.

Duvel et Gallard, *dj. n.* — 59. Plan du grand aquarium appartenant à M. Duval.

Rohart fils, *dj. n.* —60. Renseignements généraux sur l'établissement de l'exposant. — 64. Guide de la fabrication économique des engrais, et traduction allemande du même ouvrage.— 65. Six années de la série de l'annuaire des engrais et des amandements.

Quillard, *dj. n.* —61. Plan de l'établissement de pisciculture de Bar-sur-Seine.

Charles, *négociant* à Lorient. — 62. Quatre photographies représentant ses appareils collecteurs. — 63. Plan de l'ensemble de son établissement.

Baudet, père et fils, *dj. n.* — 66. Mémoire sur les moyens employés et sur les résultats obtenus par les exposants sur l'élève des huitres.

Leger (Cyprien), fabricant de cordages artistiques, *dj. n.*—70. Tableaux en relief représentant la pêche.

Belgique.

l'Établissement *de pisciculture de Bruxelles.* —60 *bis.* Plan général des fossés de fortifications de Nieuport, servant à la pisciculture.—61 *bis.* Plan de l'ouvrage à corne de Nieuport, pour l'ostréiculture. — 62 *bis.* Plan d'éclusette construite à Nieuport. — 63 *bis.* Plan d'une huîtrière établie à Ostende en 1763. — 64 *bis.* Plan d'une huîtrière établie à Ostende en 1864. — 65 *bis.* Plan de la pisciculture établie au jardin botanique de Bruxelles.

MM. Schram (Auguste), à Bruxelles. — 66 *bis.* Rapport au ministre de l'intérieur sur la situation de la Société de pisciculture de Belgique, en 1863.

Bardin (Auguste), *commissaire maritime*, à Blankerberghe. — 67. Notice sur la pêche au poisson frais à Blankerberghe, suivie de la nomenclature des engins, agrès, etc.

De Clerq (G.-A.), *ingénieur des ponts et chaussées*, à Bruxelles. — 68. Rapport au ministre des travaux publics sur l'établissement ichtyogénique de la Société d'horticulture de Bruxelles (1854).

A. Schram, directeur de la Société de pisciculture, à Bruxelles. — 69. Situation de la pisciculture en Belgigue. — Résultats obtenus de la culture des œufs. — (*Manuscrit.*)

Colonies françaises.

M. Aubry Lecomte, *conservateur du musée des colonies*, à Paris. — 150. Une brochure traduite et tirée des eaux et des rivages dans les colonies françaises.

Grande-Bretagne.

MM. F. Buckland. d. n. — 170. Manuel d'éclosion, traité de l'élevage de la truite et du saumon.

Youl, à Londres. — 171. Des moyens employés pour transporter en Australie les œufs de saumon.

CAPTAIN LUMLEY. — 172. Brochure, plan et dessin relatifs au gouvernail Lumley.

J. ASHWORTH, Claveston Lodge Bath England. — 174. Mémoire sur l'élevage des saumons tel qu'il se pratique dans les pêcheries de l'Irlande.

HARRY LOOB, Note sur l'ostréiculture à Hayling.

Espagne.

M. MARIANO DE LA PAZ GRAELS, *directeur du musee d'histoire naturelle*, à Madrid. — 196. Manuel pratique de pisciculture, en Espagne.

Autriche.

M RICHARD, chevalier d'ERCO, D. N.— 197-198. La culture des moules. (Brochure).

Confédération germanique.

M. STOLTER ET Ce, *propriétaire d'un établissement d'hirudiculture*, à Hildesheim (Hanôvre). — 199. Rapport annuelle sur la reproduction des anguilles; — 200 Résultat de la reproduction des sangsues d'après la balance des livres de commerce.

États-Unis.

SÉNAT DES ÉTATS-UNIS. — 251. Rapport sur l'établissement des échelles à Saumons (E. O.).

CLASSE XVIII.

Economie sociale.

France.

MM. MORICEAU ALMIRE JULIEN, *fabricant d'ustensiles de pêche*, à Paris, 4, quai de Gèvres. — 1. Réponses aux formulaire; questions 69-74.

CARON, *pisciculteur*, à Beauvais.—2. Réponses au formulaire (eaux douces).

BLOT, *statuaire*, Boulogne-sur-Mer. — 3. Pêcheurs. (Deux groupes, cinq statuettes.)

COMITÉ CONSULTATIF, à Besançon. — 4. Réponses au formulaire (eaux douces).

BROCHARD, *médecin*, à Bordeaux. — 5. Réponses au formulaire.

A. DE LACOMBE, *propriétaire*, Mignonnet (Gironde). — 6. Réponses au formulaire (Mémoire).

BAELEN, *rédacteur, au ministère de l'agriculture du commerce et des travaux publics*, Passy. — 7. Réponses au formulaire (question 90 et 91).

GENDRON (Pierre), *fabricant de biscuits de mer*, à Couëron, près Nantes. — 8. Réponses au formulaire.

VALAT, *président de la Société des Economistes*, à Bordeaux. — 9. Mémoire sur l'importance d'une société coopérattve entre les pêcheurs, avec ou sans le patronage de l'administration.

HERMITTE, *avocat*, à Bordeaux. — 10. Mémoire sur la loi qui règle la pèche fluviale ou maritime.

CAUMONT, *avocat* au Havre. — 11. Dictionnaire du droit maritime et autres écrits relatifs à la marıne.

MINISTÈRE DE LA MARINE ET DES COLONIES. — 12. Etudes sur la pêche en France (E. O.).

Belgique.

M. le vicomte A. DU BUS DE GISIGNIES, sénateur près la commission de pêche de Belgique, à Bruxelles. — 25. Un exemplaire des rapports procès-verbaux, etc., résultant des enquêtes sur la situation de la pêche maritime en Belgique.

Grande-Bretagne.

MM. JAMES CAIRD, *président de la commission royale d'enquête.*, — 40. Enquête et rapport de la Commission sur les pêcheries du Royaume-Uni.

J. B. HANCOCK, *dj. n.* — 41. Traité des lois concernant la pêche et l'aquiculture en Anterre.

Pays-Bas.

MM. COLLÉGE des pêches Néerlandaises, à Amsterdam. — 50. Réponse au formulaire ; — Collection complète des lois, dispositions royales, règlant la pêche, la franchise d'accise du sel dans le royaume des Pays-Bas.

CLASSE XIX.

Divers.

France.

MM. Terpereau (Alphonse), *photographe*, à Bordeaux. — 1. Vues d'Arcachon. (Sujets de marine et de pêche).

Durand Brager, *peintre*, à Paris. — 2. Marines (2 toiles.)

Brière, *receveur particulier des douanes*, à

Spiers (J,-A.), *dj. n.* = 3. Note sur la pêche aux harengs. — 4. De la destruction des chiens de mer.

piet (Jules), à Noirmoutiers. — 6. Recherche. sur l'histoire de Noirmoutiers.

Caspary, *négociant à Bordeaux*. — 8. Pointe de l'Aiguillon, dans le bassin d'Arcachon; vue au clair de lune (toile par H. Stock). — 9. Habitation d'un résinier (toile par H. Stock. — 10. Les passes du bassin d'Arcachon par un gros temps (toile par J. Caron). — 11. Chaloupes de pêche dans un temps calme (toile par J. Caron.

Marchand, *instituteur*, à Saint-Augustin (Charente-Inférieure). — 7. Les effets de l'ivrogerie; des moyens de la prévenir, rédigé en vue des populations aquicoles.

Conseil, *ancien capitaine de port*, à Dunkerque. — 12. Guide pratique de sauvetage. Premières leçons de natation.

Delidon. — 13. Réponses au formulaire

Wallon, *docteur en droit*, à Montauban. — 14. Réponse au formulaire.

Duffaud, *ingénieur en chef des ponts et chaussées*, au Mans. — 15. Notices diverses.

Lafont (Alexandre), *propriétaire*, à Arcachon. — 16. Mémoire sur l'aquiculture des eaux salées.

Thiercelin, *docteur-médecin*, à Paris. — 17. Journal d'un baleinier (ouvrage en 2 volumes.)

Barbier, *architecte*, à La Seyne (Var). — 19. Nature morte ; — 20. Poisson et coquillages (deuxt oiles) ; — 21. Pêcheurs (deux dessins) ; — 22. Instruments de pêche (croquis).

Dejean (F.-O.), *propriétaire*, *ancien magistrat*, à Arcachon. — 18. Notice sur la pêche intérieure et extérieure du littoral d'Arcachon (manuscrit). — 23. Un volume intitulé « Arcachon et ses environs. »

Joseph de Jouffroy (Cte), *d. n.* — 24. Mémoire sur la pêche et l'aquiculture dans les eaux de Franche-Comté.

Moureau (Virgile), ancien capitaine au long cours. — 25. Renseignements sur les pêches pratiquées dans le quartier maritime de la Teste.

Ricordel, *membre du Conseil général de la Seine-Inférieure*, à à Couëron. — 26. Deux rapports sur la pêche fluviale, présentés au Conseil général en 1863 et 1865.

Basset (Baron), *fabricant de conserves* à La Rochelle. — 27. Réponse au questionnaire, sur les poissons en général et la rogue.

Blanchard (E.), *membre de l'Institut*, *professeur au Muséum*, à Paris. — 28. Volume intitulé : « *Les poissons d'eau douce de la France.* »

Guibert et Cie, *fabricants*, à Paris. — 29. Brochure relative au vernis sous-marin, pour la conservation des bois.

Lonquéty aîné, *membre de la Chambre de commerce*, à Boulogn -sur-mer. — 30. Rapport fait à la Chambre de commerce de Boulogne, sur l'exposition d'Amsterdam en 1861.

Mme Guche (Eugénie), à Boulogne-sur-Mer, rue Thurot, 8. — 31. Douze statuettes habillées (costume des matelots et matelottes, pêcheurs et pêcheuses de la ville de Boulogne.

Le Biguais, à le Fenouiller (Vendée). — 32. Réponses au formulaire. — 33. Plan, vallée de Saint-Gilles.

Belgique.

MM. De Browers, *secrétaire de la Chambre de commerce*, à Ostende. — 70. Rapport sur l'exposition de pêche d'Amsterdam. — 71. Rapport sur l'exposition de pêche de Bergen.

De Selys Longchamp, *dj. n.*—72. Pêche dans bassin de la Meuse.

Rottier, *ingénieur* à Gand. — 73. — Recherches sur la conservation du bois au moyen de l'huile lourde de goudron de houille, dite : *Huile créosotée.*

Crépin, *ingénieur des ponts et chaussées*, à Ostende. — 74. Notice sur des expériences faites sur des bois préparés au sulfate de cuivre et à la créosote, au point de vue de leur emploi dans les travaux à la mer.

Vte du Bus de Gisignies, sénateur, président du Comité central belge, à Bruxelles. — 75. Pêcheur à la marée.— Pêcheur aux crevtes.

Grande-Bretagne.

Jam Bertram. — 80. De la mer.

Hughes. — 81. Réponses au formulaire.

Couch. — 82. Histoire des pêcheurs de la Grande-Bretague.

Horsfall. — 83. Résultats et recherches sur le développement de la pêche du saumon en Angleterre.

F. Buckland. — 84. Collection de *La terre et les mers*, journaldes eaux d ouces et salées.

Sir William Jardine *dj. n.*—85. Rapports sur l'état des pêcheries de saumons en Angleterre et dans le pays de Galles.

Espagne.

M. Fernandez, *secrétaire de l'Assemblée consultative et de la commission permanente des pêches*, à Madrid (Espagne). — 97. Mémoire sur l'exposition internationale de pêche à Bergen (Norwège) ; — 98. Etudes sur la pêche appelée Parijas del bou.

Pays-Bas.

Collége des pêches néerlandaises. — 100. Brochures populaires éditées par le collège.

CLASSE XX.

Collections.

France

MM. **Vidal** (L.), *d.n.* — 1. Plans de l'établissement aquicole de Port-de-Bouc; — 2. Photographies du même établissement; — 3. Dessins des engins y employés ;— 4. Collection photographiée d'écailles de poissons de la Méditerranée ;—5. La pisciculture (ouvrage imprimé) ;—6. La pisciculture (manuscrit).

Rimbaud, *ancien officier du commissariat de la marine*, à Toulon. — 7. De la pêche côtière en France ; quelles sont les causes du dépeuplement de la mer sur les côtes de la Méditerranée, et quels sont les moyens pratiques d'y remédier (brochure) ; — 8. Pêche côtière, quatre articles insérés dans le journal le *Toulonnais*, des 23 novembre et 16 décembre 1865, 6 et 18 janvier 1866 ; — 9. Pêche côtière : De la manière de ménager les produits comestibles de la mer (mémoire manuscrit) ; — 10. Pêche côtière, trois articles insérés dans le journal le *Toulonnais*, numéros des 22, 24 et 27 mars 1866.

De la Blanchère, *photographe*, à Paris. — 11. Photographies de poissons dans l'eau et hors de l'eau ; — 12. Étude d'histoire naturelle : ouvrages scientifiques sur la pêche ;— 13. L'ichtyologie et la culture des plages maritimes (mémoires manuscrits et imprimés).

Lafon (Pierre), *propriétaire*, *ancien pilote*.— 14. L'ostréiculture (6 brochures).

Mouls (J.-F.-X), *curé desservant*, à Arcachon. — 15. Les huîtres (brochures).

Meury de Villers, *négociant*, à Viviers-sur-Mer (Ille-et-Vilaine). — 17. Elevage des anguilles et du mulet ; — 18. De la manière de faire reprendre les bancs d'huîtres dans la baie de Cancale et de la cause qui les a détruits ; — 19. Des pêcheries en bois ; de leur emploi comme parcs à moules ; de leur utilité pour empêcher le poisson d'émigrer ; — 20. Services rendus à la marine et à l'agriculture par les engrais marins.

Soubeiran, *docteur ès sciences, secrétaire de la société impériale d'acclimatation*, à Paris. l'huile de foie de morue, en Norwége. 16. Rapport imprimé sur la fabrication de — 21. Rapport sur l'ostréiculture à Arcachon ;— 22. Des écrevisses et de leur culture ; — 23. Etablissements de pisciculture de Concarneau et de Port-de-Bone.

Darracq, *naturaliste*, à Bayonne. — 24. De la pêche de la baleine dans le golfe de Gascogne dans les temps passés ; — 25. Ichtyologie du golfe de Gascogne et des eaux douces de l'extrême sud-ouest de la France.

Kemmerer, *docteur médecin*, à Saint-Martin (Ile de Ré). — 26. Ouvrages scientifiques sur l'aquiculture ; — 27. Travaux d'histoire.

Légal (J.), *docteur*, à Dieppe. — 41. Dessin d'un appareil pour le tannage des filets de pêche. — 42. Dessein d'un vivier mobile propre aux bateaux de la pêche de la côte de Dieppe. — 43. De la convention du 16 novembre, et de la pêche du hareng.—44. Une visite à l'exposition d'Amsterdam.— 45. Nouveau procédé de la cage des filets de pêche. — 46. articles de journaux.— 47. Mémoires manuscrits sur la pêche et la salaison.

Durassié. *dj. n.* — 28. Mémoire adressé à M. Coumes, le 13 novembre 1862. — 29. Lettre à M. Bazin, Président de la Société de Pisciculture de la Gironde. — 30. Manuscrit sur l'élevage des salmonidés.—31. Réponses au formulaire.

Suède et Norwége.

Widegreen, *d. n.* — 49. Collection d'écrits traitant de la pêche.

Pays-Bas.

Collége des pêches néerlandaises, à Amsterdam. — 50. Collection complète des Rapports annuels du collége.

OBJETS DIVERS.

Instruments de sauvetage. — Vêtements. — Vivres. — Habitations.

CLASSE XXIe.

France.

Société centrale de sauvetage des naufragés, à Paris (Seine).—1 à 7. Modèle de canot de sauvetage, divers objets et engins servant au sauvetage ; divers plans et instructions.

MM. Gendron, *fabricant de biscuits de mer*, à Coueron (Loire-Inférieure). — 8. Biscuits de mer et farine étuvée pour la nourriture des marins ;— 9. Biscuits de mer et farine étuvée pour la nourriture des marins.

Gilbert, *fabricant*, à Dunkerque. — 10. Vêtements imperméables pour la marine et la pêche.

Herbet, Jean, *bottier*, à Arès (par Audenge). — 11. Paire de bottes grosses marinières en cuir de Dunkerque rayé, garanties imperméables; — 12. Paire de bottes de mer à la provençale.

Duhamelet, *pharmacien* à Fécamp. — 13. Coffre à médicaments à l'usage des navires pour la pêche de Terre-Neuve, d'Islande, et pour le long cours.

MM. Touzanne et fils, *fabricants de biscuits*, à Bordeaux, 21, rue de Lormont. — 14. Biscuits de mer.

Spiers (J.-A.), *dj. n.* — 15. Plan d'une habitation suivant le mouvement de la marée.

Lahure (E.), *constructeur*, au Havre. — 16. Deux modèles d'un bateau de sauvetage inventé par l'exposant. — 17. Brochure relative au bateau de sauvetage. — 21 *bis*. Un bateau de sauvetage en tôle d'acier, insubmersible.

Tisserant, *propriétaire*, à Orléans.— 18. Appareil de sauvetage dit : Flotteur-Tisserant.

Larrieu (Pierre), à La Teste. — 19. Bottes de pêche.

Moué (Louis), *ancien marin*, au Havre. — 20. Bateau de sauvetage insubmersible et inchavirable.

Laporte (Cl.-Ch.), *dj. n.* — 21 à 24. Quatre genres de coquilles marines : 2 bivalves et 2 univalves.

Conseil fils, artiste peintre, à Dlinbourgue. — 25. Modèle d'un canot de sauvetage.

Belgique.

MM. Léon du Jardin, *dj. n.* — 70. Equipemen complet de pêcheurs. — 71. Costume de porteurs de marée.

Michel Van Hecke, *dj. n.* — 72. Photographies représentant les costumes des pêcheurs à la marée et aux crevettes, et des porteuses de marée.

Grande-Bretagne.

M. Cording, à Londres.—90 à 95. Bottes et souliers lacés, bas, pantalons, sacs, par-dessus en Caoutchouc.

Pays-bas.

MM. Van Berkeem, Versluys et Ce, *fabricants*, à Schoenderloo, par Rotterdam (Hollande). — 97. Echantillons de biscuits pour la navigation au long cours.

Maas, A.-E. *d.n.*—98. Modèle d'un bâtiment de

sauvetage; — 99. Habillement complet de pêcheur en cuir.

Lepole, J. et A., *fabricants* à Leyden. — 100. Quatre pièces d'étoffes en laine pour pavillons.

CLASSE XXIIe.

Musée rétrospectif.

France.

De Mortillet, *rédacteur en chef des matériaux pour servir à l'histoire de l'homme*, à Paris. — 1. Engins de pêche des époques de la pierre et du bronze; — 2. Modèle d'une station ancienne; — 3. Coquilles ayant servi d'ornements ou amulettes; — 4. Trois valves de Cardium et de Pétoncle percées pour être suspendues (âge du bronze de l'Emilie. Italie;) — 5. Diverses petites rondelles en coquilles des dolmens de Vienne et de l'Aveyron; — 6. Articles sur la pêche et la navigation, dans la plus haute antiquité.

Paris, impr. Paul Dupont, rue de Grenelle-Saint-Honoré, 45.

www.ingramcontent.com/pod-product-compliance
Ingram Content Group UK Ltd.
Pitfield, Milton Keynes, MK11 3LW, UK
UKHW021651260726
13994UKWH00003B/1405